C.C. Beyer



# Meine Erfahrungen

bei dem

# Scheibenschießen

eine

# praktische Anleitung

für

# angehende Scheibenschützen

Neu gesetzt, mit einem Vorwort versehen und
herausgegeben von
Wolfgang Finze

Meine Erfahrungen bei dem Scheibenschießen / von C. C. Beyer.
[Nachdr. d. Ausg. v. 1844] / neu hrsg. u. mit e. Vorw. vers. v.
Wolfgang Finze. –
1. Auflage, Norderstedt : Books on Demand, 2015.  65 S.
ISBN 9783738622577


Herstellung und Verlag: BoD – Books on Demand, Norderstedt

# Vorwort des Herausgebers

Der Nachdruck des 1844 erschienenen kleinen Büchleins von C.C.Beyer über seine Erfahrungen beim Scheibenschießen ist der zweite Teil einer in loser Folge erscheinenden Edition historischer Texte zur Schießpraxis in deutschen Schützenvereinen der Zeit vor 1900. Den ersten Teil der Edition bildet der Nachdruck von Heinrich Kummer verfassten und des 1862 erschienenen Buches „Der praktische Büchsenschütze" (ISBN 978-384-826-429-2).

Zwischen den Erscheinungsdaten der beiden Werken liegen lediglich 18 Jahre. In dieser Zeit hatte sich die Waffentechnik mit einer vorher kaum für möglich gehaltenen Geschwindigkeit weiterentwickelt. Schossen die Schützen vor 1844 ausschließlich mit gepflasterten Rundkugeln, war achtzehn Jahre später die Kugel fast völlig von den Ständen verschwunden und durch die  von Beyer noch nicht einmal erwähnten Langgeschosse abgelöst worden. Dass Langgeschosse von Beyer nicht erwähnt werden, ist aber nicht auf Rückständigkeit der Schützen oder Unkenntnis des Autors zurückzuführen, sondern darauf, dass Langgeschosse in der Zeit vor 1844, als der Autor seine im Buch niedergelegten Erfahrungen sammelte, so gut wie  unbekannt waren. Der Siegeszug der Langgeschosse begann erst nach 1844, als auf dem eidgenössischen Schützenfest in Basel gezogene Büchsen mit Kalibern  zwischen 9mm und 10mm und Spitzgeschossen wegen ihrer Treffsicherheit weithin Aufsehen erregten.

Es gibt im Büchlein von Beyer aber eine ganze Reihe von Dingen, die auch heute noch für den Vorderlader-Schützen von Interesse sind, zumindest dann, wenn er gepflasterte Rundkugeln verwendet. Nach Beyers Erfahrungen waren Kugeln, von denen etwa 30 Kugeln und 45 Kugeln ein (bayerisches) Pfund wiegen würden, besonders geeignet für das Scheibenschießen. Umgerechnet entspricht das Kugeln mit Durchmessern zwischen 12,8mm (.504") und 14,6mm (.577"). Das ist genau der Bereich, der heute von vielen Vorderlader-Schützen bei Entfernungen größer als 50m als optimal für die gepflasterte Rundkugel angesehen wird.

 Viele Probleme, über die auch heute noch unter Schützen heiß und erbittert diskutiert werden, wurden schon vor 1844 kontrovers diskutiert. Das fängt an mit der Qualität und Körnung des Pulvers (C.C.Beyer zog grobe Körnungen vor) und endet längst nicht  bei der Frage, ob nach jedem Schuss gewischt werden soll oder nicht. Nach den Erfahrungen von Beyer schoss man allerdings gleichmäßiger, wenn man den Lauf nicht nach jedem Schuss auswischte.

Beyer beschreibt in seinem Büchlein viele schon vor 1844 gebräuchliche Hilfsmittel beim Scheibenschießen. So waren nicht nur Diopter sondern auch dafür bestimmte Farbfilter (farbig gefärbte Gläser) bekannt und üblich. Auch der Einfluss des Windes war bekannt, weshalb auf den Schießständen Windfahnen standen, die dem Schützen Stärke und Richtung des Windes anzeigten.

Interessant ist, dass schon vor 1844 deutlich zwischen Jagdwaffen (Pürschstutzen) und speziell für das Scheibenschießen gebauten Büchsen (Scheibenstutzen) unterschieden wird. Als Unterscheidungsmerkmale wurden die Masse der Büchse, die Visierung sowie  die Gestaltung des Abzugsbügels angesehen.  Auch wenn die Pürschstutzen primär für die Jagd bestimmt waren, wurden sie doch auch zum Scheibenschießen eingesetzt, allerdings auf geringere Entfernungen als die Scheibenstutzen. Mit den Pürschstutzen schoss man auf Entfernungen von 100 bis 120 Schritt (68m bis 82m), mit Scheibenstutzen dagegen meist auf eine Entfernung von 150 Schritt (ca. 102m). Geschossen wurde ausschließlich stehend freihändig, wobei es verboten war, einen Arm am Oberkörper abzustützen. Dieses Verbot entstammte der bayerischen Schützenordnung von 1796, in der im §24 festlegt war, dass der Arm frei schweben musste und der Ellenbogen *„wenigst zwei Finger breit"* vom Körper entfernt sein musste.

Neben dem statischen Scheibenschießen war 1844 auch das Schießen auf laufende Wildscheiben üblich.

Beyers Büchlein erlaubt auch sehr interessante Einblicke in das Innenleben der damaligen Vereine. Und manches Problem von „Damals" ist auch heute noch aktuell, so z.B. die Frage, wer für einen Posten im Vorstand geeignet ist und wie vorzugehen ist, um dauerhaft Nachwuchs für die Vereine und Gilden zu sichern.

Beim Lesen des Textes fällt auf, dass sich das Schießen im Jahre 1844 ganz wesentlich vom heutigen Sportschießen unterschied. Schießen war damals eine Art von Geschicklichkeitsspiel, bei dem es um teilweise hohe Geldbeträge ging. Deshalb nehmen Ausführungen, wie eingesetzte Beträge unter den Gewinnern gerecht aufzuteilen sind, einen breiten Raum ein.

Heute selbstverständliche Dinge wie sportliche Vergleiche und Meisterschaften fehlen dagegen. Man muss dazu wissen, dass der "Sport" im heutigen Sinne 1844 noch nicht erfunden war und der Begriff selbst eine andere Bedeutung hatte. Sport war ein aus dem englischen kommender Begriff, war hauptsächlich etwas, das englische Gentlemen in ihrer Freizeit taten und hatte mit dem, was in den Schützengesellschaften vor sich ging, nichts zu tun. Herders Conversations-Lexikon. Freiburg im Breisgau, 1857, Band 5, S. 293, erklärt den Begriff „Sport" so:

*Sport, engl., Scherz, Spiel, dann Vergnügungen, zu denen Kraft u. Gewandtheit gehört, namentlich Reiten und Jagd; S.smen, Leute, welche s. s mitmachen*

Und im Band 16, S. 587 des 1863 in Altenburg erschienenen „Pierer's Universal-Lexikon" wird der Begriff Sport so erklärt:

*Sport (engl.), 1) Spiel, Lust, Scherz, Belustigung, ländliches Vergnügen; bes. 2) alle Vergnügungen, welche körperliche Gewandtheit u. Kraft, sowie persönlichen Muth erfordern, als Wettrennen zu Roß (R e i t s p o r t), Jagd etc. Bei der Vorliebe der Engländer für dergleichen Vergnügungen ist das Sportwesen namentlich in England unter allen Klassen der Gesellschaft am meisten ausgebildet u. zu einer Art Kunst u. Wissenschaft entwickelt, deren Kenntniß dem vollendeten Gentleman unentbehrlich ist. Der S. hat daher auch eine eigne Literatur hervorgerufen; unter den demselben gewidmeten Zeitschriften ist das Sporting Magazine das bedeutendste.*

Neben dem Fehlen des heute üblichen „Sports" fehlt aber auch jeder Hinweis darauf, dass Schießen im Verein eine Vorbereitung für die Verteidigung des Vaterlandes wäre. Zwar war im Vorspann der bayerischen Schützenordnung von 1796 festgelegt:

*„Daß sich sämmtliche Unterthanen, wessen Standes sie immer seyn mögen, nicht allein zu einer edlen Belustigung im Schiessen üben, sondern vorzüglich, daß sie sich auch im nöthigen Falle zu eigner, so wie zu des Vaterlandes Vertheidigung fähig machen können."*

Allerdings verschoben sich im Laufe der Zeit die Aufgaben der Schützengesellschaften immer mehr zum „geselligen Verein", die Vorbereitung auf die „ Verteidigung des Vaterlandes" trat mehr und mehr in den Hintergrund.  Die „Schützen-Ordnung für die bürgerliche Schützengesellschaft zu Schwabach" aus dem Jahre 1842 führt unter „Zweck und Vortheile der Gesellschaft" an:

*„Ausser dem allgemeinen Zweck eines geselligen Vereins, welcher darin besteht, daß die Freunde der Schießübungen sich auch freundschaftlich annähern, angenehm unterhalten, und bei besondern Festlichkeiten zur Erhöhung derselben beitragen, überdieß die Pflichten der Wohlthätigkeit*

*eben so wie die übrigen staatsbürgerlichen Tugenden üben, hat die Schützengesellschaft insbesondere den Hauptzweck, die Behandlung und den Gebrauch der Schießgewehre genau kennen zu lernen und erforderlichen Falls zur Vertheidigung des Vaterlandes auf gesetzliche Weise nach Kräften mitzuwirken. „*

Allein schon die Reihenfolge der Aufgaben zeigt, welchen geringen Stellenwert die Vorbereitung auf die Vaterlandsverteidigung in den Vereinen tatsächlich hatte. Zumindest in den Gegenden, in denen der Autor C.C. Beyer seine hier niedergelegten Erfahrungen sammelte, war das „gesellige Vergnügen" zum eigentlichen Zweck des Scheibenschießens und der Schützengesellschaften geworden.

Auch die soziale Herkunft der Mitlieder der damaligen Schützenvereine unterschied sich deutlich vom dem, was heute üblich ist. Einerseits waren die Aufnahmegebühren und die Kosten für die Teilnahme am Schießen so hoch, dass große Teile der Bevölkerung gar nicht in der Lage waren, so viel Geld aufzubringen. Daneben schlossen die Aufnahmebedingungen ganze Bevölkerungsgruppen von vorn herein von einer Mitgliedschaft aus. So findet sich in der Schützenordnung für die bürgerliche Schießstätte in Wien (1815) die folgende Aufnahmebedingung:

*In der Regel kann Jedermann, gegen dessen Unbescholtenheit und Rechtschaffenheit nichts Widriges bekannt ist, in die Gesellschaft aufgenommen, und derselben einverleibt werden; jedoch wird von den Handwerksgesellen nur den Büchsenmachergesellen, - und von den Livereypersonale nur den Jägern und Büchsenspannern der Zutritt gestattet.*

Die Schwabacher Schützenordnung enthält folgende Aufnahmebedingung:

*„Jedem erwachsenen gebildeten Mann, steht der Eintritt in die Gesellschaft frei..."*

Um als „gebildeter Mann" gelten zu können, reichte aber der Besuch der Volksschule allein längst nicht aus. Und die Schützenordnung der Stadt Nordhausen von 1854[1] legt im §2 fest:

> *Die Mitgliedschaft kann jeder selbständige, dispositionsfähige, hiesige Einwohner erlangen, der in unbescholtenem Rufe steht, und gegen dessen Persönlichkeit die Mehrzahl der Mitlieder nichts einzuwenden hat.*

Damit waren Handwerksgesellen, Lohnarbeiter und andere „nicht Selbständige" von einer Mitgliedschaft ausgeschlossen, selbst wenn sie die Eintrittsgebühr von einem Taler 5 Silbergroschen sowie den jährlichen Mitgliedsbeitrag von einem Taler hätten zahlen können.

Da gerade jüngere Leser heute oft nicht mehr in der Lage sind, in Fraktur gedruckte Texte problemlos lesen zu können, wurde (wie schon beim „Deutschen Schützenbuch") der Inhalt des Buches in eine zeitgemäße Schrift „übersetzt", wobei Satzbau, Grammatik, Zeichensetzung, Rechtschreibung, die Tabellen auf den Seiten 38 und 39 sowie alle Abbildungen unverändert vom Original übernommen wurden.

Rostock, im Juni 2015

Wolfgang Finze

---

[1] Enthalten in: Förster, S.v.; Die Schützengilden und ihr Königsschießen, Berlin 1856

# Begriffserläuterungen

Da einige der im Buch verwendeten Begriffe heute nicht mehr gebräuchlich sind, hier eine Erklärung dieser Begriffe. Soweit in der folgenden Übersicht Maße, Gewichte und Münzen enthalten sind, entsprechen sie dem 1844 in Bayern (bzw. in München) üblichen Stand.

| | |
|---|---|
| Absehen | Korn |
| Abziehen | Gewinnverteilung |
| abzirkeln | Bestimmung des Abstandes des Treffers vom Mittelpunkt der Scheibe |
| Barchent | auch Parchent, eigentlich ein Mischgewebe aus Baumwoll-Schussfäden auf Leinen-Kettfäden, im Text häufig im Sinne von „Schußpflaster" gebraucht. |
| Barchenteisen | Locheisen zum Ausstanzen der Schusspflaster |
| Beste | das Beste. Ausgesetzter Preis beim Schießen. |
| Brand | Beim Abbrand des Pulvers entstehende Rückstände, Pulverschmauch. |
| Croisirt | Ein Gewebe, bei dem Fäden in regelmäßiger Abwechslung angeordnet sind, z.B. durch diagonal verlaufende Bindungsgrate. Solche Gewebe sind auch unter den Bezeichnungen Croise, Drill, Merinos, Köper, Nanking, Satin oder Barchent bekannt. |
| Eintupfen | Einstechen |
| fl. | Abkürzung für Gulden. S. dort. |
| Frischen | Frischen ist das Neuschärfen unscharf gewordener oder abgenutzter Züge. Durch das Frischen werden auch die nach dem Laufziehen stehengebliebenen Grate beseitigt und Züge und Felder geglättet bzw. poliert. |
| | Gefrischt wurde, wenn der Lauf nach längerer Benutzung rau, stark verbleit oder die Feld-Zug- |

Kanten abgenutzt waren bzw. wenn der Lauf Vorweite hatte. Beim Frischen vergrößerte sich immer das Kaliber der Büchse.

| | |
|---|---|
| Frischkolben | Gerät zum Frischen. |
| Gesicht | Sehvermögen |
| Guckel | Diopter |
| Gulden | Abgekürzt fl. Silbermünze, 1 Gulden = 60 Kreuzer =360 Pfennig, 3 Gulden hatten den Wert von 2 Talern. Nach der 1872 erfolgten Währungsumstellung auf die Mark entsprach ein Gulden genau 2 Mark. |
| kr. | Abkürzung für Kreuzer, s. dort. |
| Kreuzer | Auch Kreutzer, Münzeinheit, abgekürzt kr. 1 Kreuzer = 4 Pfennig, weiteres s. Gulden |
| Kugelkaliber | Das Kaliber der Scheibenbüchsen wurde damals üblicherweise in „Kugeln auf ein Pfund" angegeben. Dabei muss beachtet werden, dass ein Pfund bis zur allgemeinen Einführung des Zollpfundes (500Gramm) von Land zu Land unterschiedlich schwer war. |
| Oekonomie | Landwirtschaft |
| Parchent | Älteres Wort für Barchent |
| Pfund | 1 Pfund bayerisches Maß = 560 Gramm |
| Pürschstutzen | Jagdwaffe, Jägerbüchse |
| Schritt | 1 Schritt = 28 (bayerische) Zoll = 0,6810048m |
| Stöckel | Kimme |
| Tupfer | Stecher |
| Unschlitt | Talg |
| Zoll | 1 Zoll bayerisch = 24,3216 mm |

# Meine Erfahrungen

bei dem

## Scheibenschießen,

eine

# praktische Anleitung

für

## angehende Scheibenschützen.

Von

## C. C. Beyer.

———



München.
Druck und Verlag von Georg Franz.
1844.

# Vorrede

Werke sind schon über Oekonomie erschienen, und deren Verfertiger war nicht im Stande, eine kleine Landwirthschaft zu betreiben, ohne selbe zu Grunde zu richten. Andere geben Werke über Architektur heraus, und besitzen nicht die Fähigkeit, den Bau eines Bauernhauses herzustellen. Manche schreiben blos, damit sie etwas geschrieben haben, und so kommt mir ein Werk, eine Art Anweisung über Scheibenschießen, in die Hand, welches von einem ähnlichen Autor verfertigt seyn mag, das voll von mathematischen Problemen ist, aber in Hinsicht des Praktischen alle mir bis jetzt bekannten Werke über Schießkunst an Unvollkommenheit übertrifft.

Allerdings ist es schwer, über diesen Gegenstand zu schreiben; denn gerade in diesem Fache herrschen eine Menge getheilte Meinungen, und es ist dadurch der Kritik ein weiter Spielraum gegeben.

Ich will jedoch nichts Neues erfinden, indem meine Anleitungen lediglich nur aus im Praktischen vorkommenden Fällen, geschöpft sind. – Mancher wird daher sagen: „das habe ich längst gewußt" und können es auch gewußt haben; Andere werden es sagen, und es nicht gewußt haben, jedoch das Ganze für gut finden.

# Inhalt

## Unterscheidung der Stutzen.

Wenn ich vom Scheibenschießen spreche; so verstehe ich darunter nicht das Schießen mit Armbrust, Bolz- oder Flinten etc. etc., sondern beschränke mich lediglich auf Pürsch- oder Scheibenstutzen, und Schießen aus freier Hand.

## Pürschstutzen.

Pürsch- und Scheibenstutzen sind nach Uebereinkunft mehrerer Schützengesellschaften auf folgende Weise zu unterscheiden.

Der Lauf eines Pürschstutzen soll (nach der Kaliberseele gemessen) nicht über 30 Zoll Länge betragen, nicht über 8½lb schwer seyn, keine Rippen-Griffe oder Fingerbügel haben, nicht mit Nadeltupfer, Guckel (Diopter) oder Blenden versehen seyn, und der Hahn ohne einzutupfen sich mit vorderem Züngel abdrucken lassen.

## Scheibenstutzen

Bei Scheibenstutzen kann keine Länge oder Schwere bestimmt werden, und es können demnach auch beliebige Tupfer, Bügel, Blenden und Guckel etc. etc. in Anwendung gebracht werden, jedoch wird ein Riemen oder Band an dem Scheibenstutzen nicht gestattet.

## Von dem Bau der Stutzen.

Der Bau der Stutzen soll im Allgemeinen in nachfolgender Weise beschaffen seyn.

8

Der Stutzen soll von vorn nach hinten eine gleichmäßige Schwere haben und beim Anschlagen so liegen, daß er, wenn der Ellenbogen des linken Armes frei, und der untere Theil des Armes senkrecht steht, ziemlich waagrecht in der Hand liegt.


## Kaliber.

Das zweckmäßigste Bley oder Kaliber scheint zwischen 30 und 45 Kugeln bayerischen Pfundes zu seyn. –

Kleineres Blei wird durch das Laden empfindlich. Und größeres den Wind mehr scheuen, auch bei einer verhältnißmäßigen Pulverladung Unannehmlichkeiten hervorbringen.


## Züge.

Bezüglich der Züge oder Furchen in der Kaliberseele gibt es noch unterschiedliche Meinungen; - ich habe deren schon 5 bis 18 gesehen, und finde daher Folgendes am zweckmässigsten:

Bei Kaliber von 24 bis 30 Kugeln auf das Pfund 8 - 9 Züge von 30 bis 45 7 Züge, vom Kaliber zu 45 Kugeln bis weiter 6 Züge.

Die Züge der Läufe müssen im Verhältniß der Felder seyn; sind selbe zu schmal, so wird sich hierin der Brand leicht ansetzen, und sind sie zu breit, so muss daher der Schuß an Dichtigkeit verlieren, sind übrigens die Züge zu tief, so wird der Schießparchent dieselben nicht gehörig ausfüllen, und das Feuer durchspritzen lassen bevor die Kugel den Lauf verläßt.

Hinsichtlich der Windung, oder des Tralls der Züge, sind die Meinungen ebenfalls verschieden, jedoch kommt es zum Theil auch auf die Länge des Laufes an, und es hat sich eine Mündung von ¾ bis $^{7}/_{8}$ Theil bis jetzt am besten bewährt.

Gut ist es, und bei den meisten Stutzenläufen auch zu finden, daß selbe unten einen Fall (kleine Erweiterung) 4 – 5 Zoll lang, haben.

An der Mündung muß der Lauf gleichförmig ausgebrochen seyn, und es ist Acht zu geben, daß kein Feld an den Zügen eine Schärfe hat; - solche würde den Barchent durchschneiden, und den Schuß unrichtig machen.

Die Kugel soll von der Größe seyn, daß, wenn der Gußzapfen noch daran ist, sich selbe mittelst des Daumen in den Lauf drücken läßt.

Bei einer kleinen Kugel läßt sich mittelst starken, und bei einer größern durch dünnern Barchent etwas helfen; die Anwendung des stärkern Parchent ist immer dem dünnern vorzuziehen, indem das Eisen des Laufes dadurch mehr geschont wird.

Wenn eine Kugel in den Lauf gedrückt wird, und derselbe regelmäßig gezogen und gefrischt ist, so muß, wenn die Patentschwanzschraube oder Schwanzschraube herausgenommen, die Kugel wie Fig. I in dem Laufe passen,

und es ist eine große Aufmerksamkeit der Büchsenmacher nöthig, daß selbe bei dem Frischen eine schöne Rundung und gleiches Verhältniß der Felder erhalten; sämmtliche Felder müssen ganz gleich anliegen, und es ist um dieses zu erlangen das öftere Umwenden der Frischkolben erforderlich.

Um eine Frische des Laufes zu untersuchen, verfährt man auf nachstehende Weise:

Die Kugel wird ohne Parchent von oben in den Lauf gedrückt; theilweise durchgeschoben und beständig nachgesehen, ob die Balken oder Felder schön gleich anliegen. – Dann bedient man sich einer zweiten Kugel, schlägt selbe in die Mündung; - und sie muß sich sodann ganz gleich, mittelst Ladstock durchdrücken, es macht sich am meisten einer Abweichung fühlbar, wenn man auf den Ladstock oder Setzer mittelst dem die Kugel durchgedrückt wird, die Hand und auf dieselbe das Kinn auflegt.

Eine dritte Kugel wird sodann von unten nach oben durchge-drückt, um auszumitteln, ob der Lauf nicht nach oben einen Zwang (Verengung) hat, welches besonders nachtheilig ist. Auch eine vierte Kugel wird mittelst eingeschlagenen Schießbarchents durch den Lauf gedrückt, und der Barchent darf hierauf auf kei-ner Stelle durchschnitten seyn.

## Absehen.

Hinsichtlich des vordern Absehens oder Mucke herrscht eine Verschiedenheit, und es kommt zum Theil auch auf das schlech-tere, oder beßere Gesicht an.

Es gibt daher schwarze und helle Absehen. Ich finde allerdings ein helles Absehen bei einer Schießstätte, auf welchen das Licht gegen den Schützen, und der Schatten auf der Scheibe ist, für zweckmäßig, und die Stutzen werden gewöhnlich so eingeschos-sen, das man in die Mitte des Schwarz oder Mal visiren muß.

Im entgegengesetzten Falle ist aber immer ein schwarzes Abse-hen vorzuziehen, auch kann man mit einem schwarzen feinen Absehen schärfer visiren, wo das Mal unten scharf angestochen wird, als mit hellen Absehen. Siehe die Absehen Fig. II a b c d e f g h

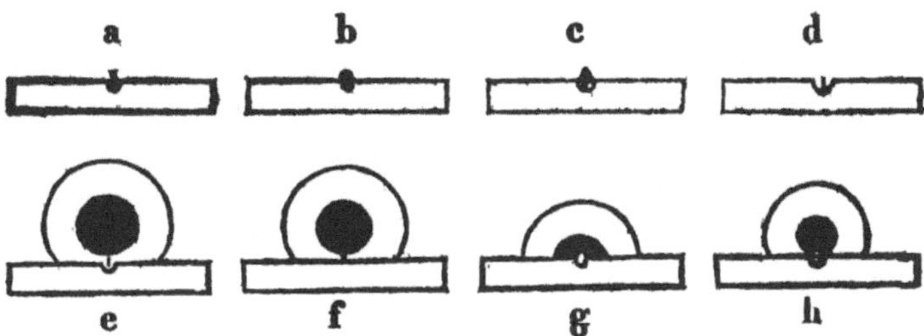

## Stöckel.

Das Stöckel oder hintere Absehen soll breit, und das sich befind-

liche Einschnittchen fein seyn; abgerundet wie bei Fig. III finde ich nicht für zweckmäßig, indem eine Drehung des Stutzens bei dem Visiren nicht so leicht merklich wird, und ein breites Stöckel leichter wagerecht gehalten werden kann.

Auch soll das Stöckel nicht zu nahe am Guckel seyn, indem, wenn es ferner, am letzten Dritttheil des Laufes angebracht ist, sich die Absehen besser und feiner zusammen schauen lassen, und die Verrichtung eines der beiden Absehen hat sodann mehr Einfluß auf den Schuß.

## Guckel.

Das Guckel soll nicht zu enge seyn, indem hiedurch die Augen sehr in Anspruch genommen werden. Auch soll der ausgedrehte Theil, oder die Höhlung auswärts zu stehen kommen.

12

## Lauf.

Der Lauf eines Stutzens soll von gleicher Eisenstärke seyn, und sich am Dritttheil desselben verstärken.

Stark ausgehohlte Läufe, welche vorn und hinten viel Eisen haben, sind nicht so gut, werden bei warmen Wetter und häufigen Schießen eine ungleiche Wärme erhalten, und sich das Eisen dadurch mehr oder minder ausdehnen, worunter die Sicherheit des Schusses leiden kann.

Ueber die Bohrung der Patentschwanzschraube, findet sich eine Verschiedenheit, jedoch habe ich jene Fig. IV die konische, am

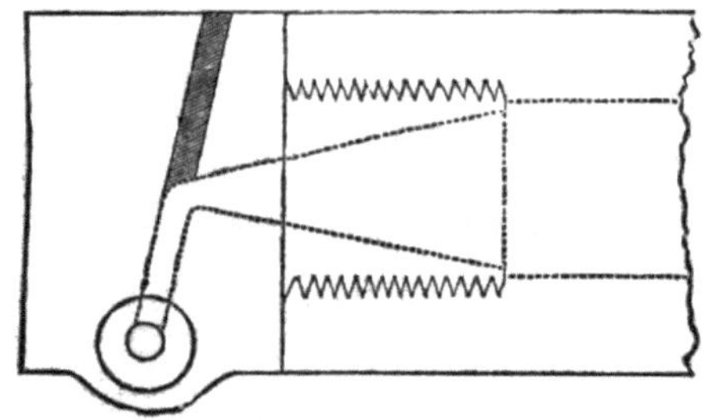

zweckmäßigsten gefunden.

Zündröhrchen, oder Pistons sollen fein gebohrt seyn, und sich nach unten trichterförmig öffnen.


## Schloßteile.

Der Hahn muß so konstruiert seyn, daß so viel als möglich das Zurückspritzen des Feuers und Trümmern der Zündhütchens verhindert wird.

Es ist daher nicht zu verwerfen, daß der Hahn nach Vornen eine Oeffnung hat, und nicht enge auf dem Zündstifte aufsitzt. Eine Konstruirung des Schlosses und Patentschwanzschraube, welche vorzüglich empfohlen zu werden verdient, ist Fig. V abgebildet,

bei

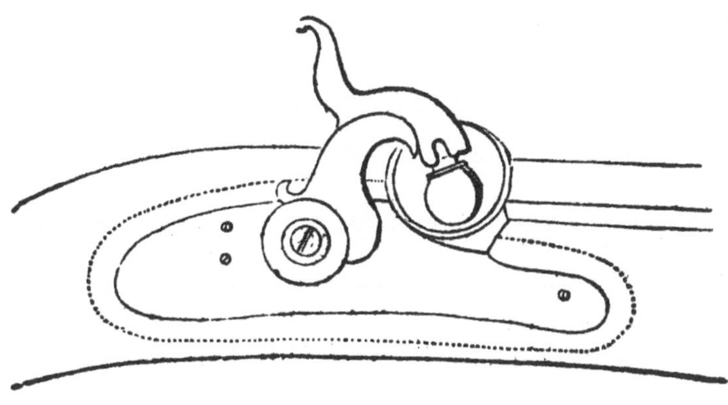

welcher sowohl das Spritzen, als auch das viele Anrußen an Lauf, Schloß und Schaft verhindert wird.

Die Schlagfeder darf weder zu stark noch zu schwach seyn. Im ersten Falle verprellt das starke Aufschlagen des Hahns die ruhige Haltung des Stutzens, und es werden auch die Zündstifte darunter leiden; im zweiten, das Feuer langsam seyn, und die Zündhütchen nicht immer sicher losschlagen.

Auch gibt es Scheibenstutzen, bei welchen das Schloß umgekehrt ist, und der Hahn gegen die Schulter schlägt, welches allerdings ruhiger seyn kann, allein es ist hierbei das Spritzen mehr zu befürchten, und leidet auch die Eleganz der Stutzen darunter.


## Tupfer.

Der Tupfer muß nach dem Eintupfen fest stehen, und das vordere Züngel oder Nadel darf bei dem Abziehen bevor der Tupfer ausspringt, nicht zurückweichen (kriechen). Es sind auch Züngeltupfer vorzuziehen, indem an selben mehr Fühlung vorhanden ist, als bei feinen Nadeltupfern, und selbe auch sehr fein zum Abziehen gemacht werden können.

## Schaft.

Der Anschlag oder Kolben kann nicht ganz bestimmt angegeben werden, indem es auch auf den Körperbau einer Person ankommt, ob ein Stutzen gut oder schlecht liegt. Hauptsächlich ist aber darauf zu sehen, daß der Backenknochen bei dem Zusammenvisiren nicht zu hart an den Kolben zu liegen kommt, wodurch auch das häufige Aufschlagen im Gesichte herrührt.

Es kommt zum Theil auch auf das Halten des Stutzens an; und es wird ein Schütze welcher nur unbedeutende Erfahrungen im Schießen gemacht hat, bemerkt haben, daß eine Person stark aufgeschlagen wurde, während es einen andern Schützen welcher denselben Stutzen und Ladung geschossen hat, nichts machte.

## Frischen.

Auf das Frischen zurückkehrend, glaube ich noch Folgendes berühren zu müssen.

Durch das Frischen wird immer das Kaliber etwas erweitert werden, und es kommt hierin theils auf die Fehler oder Abplattung der Züge, theils auf den Büchsenmacher, ob die Erweiterung viel oder wenig wird, an. So ist selbe natürlich bei einem kleinen Kaliber unbedeutend, und es läßt sich Nachstehendes verhältnißmäßig annehmen, daß ein Kaliber (wenn nicht besondere Fehler vorkommen) welches 48 - 42 Kugeln auf das Pfund schießt, um eine halbe Kugel erweitert wird, und so kann nach dem Frischen nachstehendes Verhältniß angenommen werden.

| Von | 48 – 42 Kug. Kal. | eine halbe | Kugel weniger |
| „ | 42 – 36 „ „ | „ ganze | „ „ |
| „ | 36 – 30 „ „ | ein, eine halbe | „ „ |
| „ | 30 – 24 „ „ | „ „ 2 – 3 | „ „ |

# Ladung.

# Pulver.

Das Schießpulver besteht aus drei Ingredienzien: Salpeter, Schwefel und Kohle. Sämmtliche Theile müssen, wenn das Pulver brauchbar werden soll, von guter Qualität seyn. Nicht jede Kohle ist zu Pulverbereitung anwendbar. Das Verkohlen und die Qualität des Holzes bedingen erhebliche Unterschiede.

Es sind nur sehr faserige Hölzer anwendbar, und es muß die Verkohlung bei gänzlich abgeschlossener Luft bewerkstelligt werden. Das Verhältniß der Ingredienzien ist verschieden, und ich gebe hiermit einige an.

## Pulversorten

|  | Salpeter | Schwefel | Kohle |
|---|---|---|---|
| Französisches und englisches | 75 Theil | 11,5 Theil | 13,5 Theil |
| Preußisches Militärpulver | 75 „ | 12,5 „ | 12,5 „ |
| Bremer geschliffenes | 76 „ | 10 „ | 14 „ |
| Schwedisches | 76 „ | 9 „ | 15 „ |
| Oesterreichisches | 75 „ | 16 „ | 17 „ |

Gutes Pulver soll eine bläulichgraue Farbe haben, schwarz, zeigt viel Kohle oder Feuchtigkeit an; es soll ein rundes gleiches Korn haben, und in der hohlen Hand gerieben, wenig oder gar nicht abfärben. Angezündet, muß es schnell und ohne Prasseln aufbrennen, ohne sonstige Theile zurück zu lassen. Auch soll es ein Papier oder d.gl., auf welchem das Pulver abgebrannt wird, nicht versengen.

Schwarze oder gelbe Rückstände zeugen Ueberfluß von Kohle oder Schwefel an. Das Prasseln deutet auf Feuchtigkeit, welches das Pulver enthält.

Sorgfältiges, trockenes Aufbewahren des Pulvers, ist jedem Schützen zu empfehlen.

Ueber die Größe der Körnung des Pulvers sind die Meinungen getheilt; ich werde aber gröbere Körnung immer der feineren vorziehen. Es wird sich dieses bei feuchtem Wetter bei dem Laden weniger in den Lauf anhängen, und sich bei starken Aufsetzen der Kugel nicht so zusammenstossen.

Manche Schützen sind der irrigen Meinung, daß blos feingekörntes Pulver feine Qualität enthalten müsse; - es kann aber grobes Korn eben so feine Ingredienzien enthalten, als das feine. Auch ist es nicht nöthig, daß das Pulver bei dem Laden in den Löchelchen auf dem Zündstift gesehen werden muß, und ich finde es sogar besser, wenn das Pulver in das Zündröhrchen nicht ganz einlauft.

Wenn die Stutzen bei feuchter Witterung lange an den Ständen stehen bleiben müssen, so wird der äußere Brand ohnedieß immer naß seyn, das Pulver, welches in den Zündröhrchen weit vorliegt, leicht Feuchtigkeit einziehen, hierdurch eine langsamere Entzündung statt finden, leicht Unreinigkeit ansetzen, und nicht losgehen, welche Nachtheile, wenn das Pulver zurück liegen bleibt, vermieden werden, und sich das Feuer eben so schnell einschlägt.

Poliertes oder Glanzpulver finde ich blos bei feuchtem Wetter, da die Witterung nicht so vielen Einfluß auf dasselbe hat, zweckmäßiger. Auch erhält es sich, wenn ein Stutzen lange geladen bleiben muß, besser in dem Lauf.

Das zum Scheibenschießen zweckmäßige Pulver soll keinen trockenen Brand hinterlassen, weil selber bei dem Wischen nicht immer herausgebracht werden kann, und sich der Brand immer auf solchen Stellen mehr ansetzt, wo derselbe schon vorhanden ist, und nur durch Waschen herausgebracht wird.

Auch ist die Entzündung des Pulvers nicht immer von gleicher Schnelle, und einem geübten Schützen wird dieser Unterschied sogar bei dem Schießen bemerkbar. – Zu rasches Pulver ist zum Scheibenschießen nicht sehr vortheilhaft; die Kugel wird dadurch mehr aus dem Laufe geschnellt, während selbe bei langsamer entzündbarem Pulver mehr Nachdruck erhält.

## Barchent.

Der zum Schießen taugliche Barchent muß von guter dichter croisirter Qualität seyn, und es theilen sich hierin die Ansichten. Mancher zieht einen wollig und aufgeriebenen, Andere den glatten vor. Ich bin für Letztern eingenommen.

Das Schmieren oder Streichen mit Unschlitt soll gleichmäßig vertheilt seyn, und es ist gut, wenn man den Barchent nach demselben an die Sonne oder Ofen hängt, damit sich die Fette in die Fäden einzieht, und sich nicht schon beim Einschlagen der Kugel an der Mündung abstreift; hierauf legt man denselben nach der Schmierseite zusammen und streicht ihn mittels Falzbein gut aus, legt ihn nochmals zusammen, und schlägt sich so 4 Fleckchen auf einmal mittelst Barchenteisen aus, fasse selbe an einen starken Faden an, beobachte aber hiebei, daß die Fleckchen oder Pflaster möglichst in der Mitte durchstochen werden.

## Barchenteisen.

Das Barchenteisen darf weder zu klein noch zu groß seyn, beim ersten Falle wird sich die Kugel nicht genug decken, und selbe auf den Zügen aufgehen, dadurch diese anbleien, und den Schuß unsicher machen.

Im zweiten Falle würde zu viel Barchent über die Kugel hinausstehen, bei dem Hinunterdrücken sich zwischen den Setzer spannen, sich zuletzt über die Kugel legen, und dadurch das richtige Aufsetzen der Kugel auf das Pulver verhindert werden. Sicherer ist daher das Abschneiden des Barchents, wenn nicht ganz vorsichtig geladen wird.

Ein großes Pflaster, welches die Kugel einhüllt, ist zweckwidrig, und solches wird oft auf 80 bis 100 Schritte von der Kugel mitgeführt werden, und somit die Sicherheit der Bewegung stören.

Noch ist zu bemerken, daß der Schießbarchent nicht zu lange vor dem Gebrauche desselben geschmiert seyn soll, indem dadurch die Fäden etwas leiden und sich altgeschmierter Barchent daher leicht trennt.

Der Barchent soll die Stärke haben, daß sich die eingeschlagene Kugel nicht sehr hart hinunterdrücken läßt; zu dicker Barchent wird auch die Kugel länglich formieren, Hochschuß erzeugen und dessen Nachtheil herbeiführen. Zu schwacher Barchent würde (vorzüglich bei tief gezogenen Läufen) die Züge nicht gehörig ausfüllen, das Feuer durchspritzen lassen, bevor die Kugel den Lauf verlassen hat, dadurch auch viel Brand zurücklassen, Kurzschuß erzeugen, und selbst die Kugel gänzlich aus ihrer Richtung bringen.

## Kugeln und Gießen derselben.

Hinsichtlich der Kugel ist besonders zu bemerken, daß hiezu ganz gutes weiches Blei verwendet wird, dessen Farbe muß blau seyn, und selbes muß sich mittelst eines Messers leicht schneiden lassen, wornach der angeschnittene Theil einen schönen feinen Spiegel macht, und der Abschnitt sich spiralförmig, ohne einen Bruch zu haben, umlegt.

Es ist erwiesen, daß aus einer und derselben Kugelform dreierlei Kugeln gegossen werden können, und es liegt die Erzielung einer gleichen Größe lediglich in der Aufmerksamkeit und Behandlung des Gießenden.

Ist das Blei sehr heiß, und die Kugelform kalt, so wird es eine andere Kugel geben, als im umgekehrten Falle. Das zweckmäßigste Verfahren, um gleiche Kugeln zu erlangen, ist daher folgendes:

Man bediene sich, wo möglich, eines starken eisernen Löffels, welcher ca. 3 – 5 Pfund Blei enthält; dieses lasse man über gutem Feuer schmelzen, und bis zu Rothglühen heiß werden. Gut ist es, wenn man in das Blei etwas Unschlitt oder Pech wirft. Alsdann gieße man 2 – 3 Kugeln, welch wieder in das Blei geworfen werden, und hierauf gieße man 4 – 5 Kugeln zum Gebrauche, lasse aber die fünft oder sechste in der Form und tauche dieselbe sammt der Kugel in kaltes Wasser, klopfe das Wasser von der Form ab, schlage die Kugel heraus, und so kann man ohne die mindeste Gefahr, vom Blei bespritzt zu werden, wieder fortgießen, wobei immer bei der vierten, fünften oder sechsten Kugel, nachdem das Blei erkaltet, obiges Eintauchen zu geschehen hat. Auf diese Weise wird man zu den gleichförmigsten Kugeln gelangen, und selten wird sich eine hohl gießen; ein hohl gegossene Kugel ist untauglich.

Bei dem Abzwicken sehe man darauf, daß die Kugeln nicht zu kurz, aber gleichheitlich abgezwickt werden, indem selbe ohnedieß bei dem Einschlagen in den Lauf eine Plätte bekommen.


## Ladung.

Die Quantität Pulver zu einem Schusse soll immer im Verhältniß zur Größe der Kugel seyn.

Sie läßt sich jedoch nicht genau bestimmen, indem die Kraft des Pulvers sehr verschieden ist, ich finde jedoch eine starke Ladung für vortheilhafter, und man soll, wenn es ein Stutzen, ohne zu stoßen, verträgt, von einer starken Pulverladung nicht abgehen, indem der Schuß und das Laden bei geringerm Pulver empfindlicher ist. Ich habe nach vielen Versuchen ein ähnliches Verhältnis von Pulver mittlerer Stärke zur Größe der Kugel gefunden.

Schießt der Stutzen ein Blei von 24 bis 30 Kugeln auf das Pfund, so fülle man die Kugelform exclusive des Halses oder Zapfens 3 bis 4 mal mit Pulver; - schießt selber 30 bis 45 Kugeln, so fülle man die Form 4 bis 5mal.

Bevor man einen Stutzen ladet, ist es rathsam, daß man ein Zündhütchen auf den Zündstift aufsteckt, die Mündung gegen einen leicht beweglichen Gegenstand, ein Fleckchen Papier, Grashalm, dürres Blatt etc. hält und so das Zündhütchen losschlagen läßt. Wird der leicht bewegliche Gegenstand durch die Ausströmung der Luft aus der Mündung bewegt, so kann man, ohne das Versagen (Nichtlosgehen) befürchten zu müssen, laden.

Ausbrennen des Laufes mit Pulver ist nicht nöthig, wenn der Lauf zuvor mit einem Wischer gereinigt wurde, und auf das Ausbrennen des Laufes wird sich der Stutzen viel härter laden lassen, als nach einem Schusse.

Das Ladmaaß soll so abgeaicht seyn, daß es jedesmal gehäuft gefüllt werden darf.

Ist das Pulver in dem Laufe, so nehmen man den hiezu bereiteten Barchent zur Hand, mache denselben auf der ungeschmierten Seite etwas naß, unterlege ihn auf der Mündung der Kugel so, daß die Schmierseite gegen die Züge zu stehen kommt, und schlage die Kugel mittelst eines Hämmerchens (Schlegel, am besten von Blei oder schwerem Holze) in möglichst gerader Richtung in die Mündung, so daß der abgezwickte Theil der Kugel nach oben zu stehen kommt.

Das Einschlagen der Kugel soll in 2 bis 3 Schlägen geschehen seyn, weil sie durch öfteres Hämmern ihre Rundung verliert, und dann auch der Barchent leichter reißt. Das Hinunterdrücken der Kugel beruht auf Uebung, um selbes leicht zu bewerkstelligen, nur ist zu bemerken, daß, wenn sich eine Kugel anschieben oder stecken soll, das starke Stoßen möglichst vermieden werde, indem durch dieses das weiche Blei in die Züge nur noch mehr auseinander getrieben und dadurch das Hinunterdrücken noch mehr erschwert wird.

Ladstöcke und Setzer sollen nicht mit Metall besetzt seyn.

Ist die Kugel bis auf das Pulver hinuntergeschoben, so setzt man selbe auf. Es ist aber von wesentlichem Unterschiede, ob die Kugel stark oder schwach aufgesetzt wird, auch ist es nicht immer zuverlässig, daß, wenn der Ladstock herausspringt, die Kugel gehörig aufsitzt; um aber in der Sache sicher zu gehen, ist es gut, wenn in den Setzer oder Ladstock bei dem ersten Laden (wo sich die Kugel nicht leicht anschiebt) ein kleiner Einschnitt gemacht wird, um bei jedem Kugelaufsetzen, die Tiefe der Kugel zu prüfen.

Durch stärkeres Aufsetzen der Kugel erhält man mehr Hochschuß. Derselbe wird aber nicht durch das festere Zusammenstoßen des Pulvers erzielt, im Gegentheil, das Pulver wird dadurch zu einem festen Klumpen zusammengetrieben, das Feuer verliert hiedurch an Spielraum, und das Pulver an Kraft, sondern durch das Auseinandertreiben des Bleies, welches dadurch compacter in den Zügen gehen muß. Ebenso kann man durch überaus starkes Aufsetzen wieder kürzer schießen.

Auch ist zu beobachten, daß während des Ladens der Hahn in die Rast gebracht wird; indem, wenn solcher auf den Zündstift fest aufsitzt, das Ausströmen der Luft und das richtige Aufsetzen der Kugel dadurch verhindert wird.

Manche Büchsenmacher haben die Manier ein kleines Luftloch unter den Zündstift einzubohren; - dieses ist aber verwerflich, weil hiedurch das durch die Entzündung des Pulvers erzeugte Gas etwas ausströmt, und dadurch die Wirkung des Pulvers an Kraft verlieren muß.

## Zündhütchen.
Es ist nicht gleich, welche Sorte Kupferzündhütchen oder Kapsel zum Scheibenschießen verwendet werden.

Selbe dürfen nicht zu stark, doch müssen sie gleich geladen seyn, und es ist, um das Spritzen mehr zu vermeiden, besser, wenn das Zündhütchen etwas weit auf den Zündstift paßt und stark in Metall ist.

## Verladen.

Keinem Schützen wird dieser Umstand unbekannt geblieben seyn, und selbst dem Erfahrensten kann es vorkommen, daß er die Kugel ladet, ohne zuerst das Pulver in den Lauf zu thun.

Dieser Umstand wird leicht entdeckt, wenn der Setzer nach obiger Vorschrift eingemerkt ist, und es gibt zweierlei Hifsmittel, die Kugel aus dem Laufe zu bringen:

1) Durch einen Kugelzieher (Setzer), welcher mit schraubenförmiger Spitze versehen ist, womit die Kugel angebohrt und ausgezogen wird.

 Dieses Ausziehen muß aber vorsichtig bewerkstelligt werden, daß die Kugel in der Mitte angebohrt wird. Würde die Schraube an die Seite der Kugel weichen, so kann selbe leicht das weiche Eisen der Züge angreifen.

Es gibt hierzu Kugelzieher, an welchen sich unmittelbar an der Schraube ein runder messingner Ansatz befindet, wodurch der Kugelbohrer von der Mitte nicht abweichen kann, welche sehr zweckmäßig sind.

2) Durch Ausziehen des Zündstiftes und Einrühren von Pulver in den Zündkanal.

Es wird sonach durch Aufschlagen einer Kapsel die Kugel etwas gehoben, wenn nicht gleich ausgeworfen. Sollte aber die Kugel noch in dem Laufe bleiben, so wird dieses Einrühren wiederholt, die Kugel nochmals aufgesetzt, und abermals eine Kapsel losgeschlagen.

Ueberhaupt ist bei dem Laden Pünktlichkeit nicht genug zu empfehlen, und das Selbstladen (wenn nicht ganz zuverlässige Lader vorhanden sind), das Rathsamste und es gewinnt der Schütze hierdurch auch mehr Vertrauen zum Schießen.

## Einschießen der Stutzen.

Das Einschießen der Stutzen geschieht gewöhnlich auf eine Entfernung von 18 bis 25 Schritten auf ein Brett oder eine Scheibe, worauf wagrecht ¼ Zoll dicke und 3 Zoll weit abstehende senkrechte Striche gezogen sind. Es ist hiemit mehr der Zweck, den Gerade- oder Stangenschuß zu erlangen, als den Hoch- oder Kurzschuß auszumitteln.

Gut ist es, wenn während diesem Experiment der Schütze sitzt, und einen Rock etc. etc. unter den Stutzen legt, um die Haltung so ruhig als möglich zu machen. Das Visir wird so genommen, daß das vordere Absehen in einer senkrechten Linie bei einem Querstrich sitzt.

Sollte nach dem Schusse die Kugel rechts stecken, so wird das vordere Absehen (Mucke) gerade gegen diese Richtung, wo die Kugel nicht stecken soll, ausgeschlagen, also rechts.

Daß bei einem entgegengesetzten Fall (Linksschießen) das Gegentheil seyn muß, versteht sich von selbst.

Das Umgekehrte ist jedoch bei dem hintern Absehen oder Stöckel der Fall.

Die Höhe kann aber wegen der Stärke des Pulvers und dem Trieb des Stutzens nicht ganz genau bestimmt werden, und es wird beiläufig angenommen, daß die Kugel 2 – 3 Zoll ober dem Querstriche in Mitte der senkrechten Linie, an welcher der Schuß gebrochen ist, stecken muß.

Sodann wird der Stutzen nach der Scheibe auf das bestimmte Schwarz (Mal) auf Kurz- oder Hochschuß eingeschossen. Dem Kurzschuß wird durch Mehrladen vom Pulver, und Höherschrauben des Stöckels abgeholfen, bei Hochschuß also das Gegentheil angewendet.

## Schießen.

## Der Schütze.

Soll ein Schütze in der Schießkunst tüchtig werden, so ist Nachstehendes erforderlich.

Hierzu gehört hauptsächlich ein gutes Auge, eine kräftige (nicht fette) Körperconstitution, ein ruhiges Geblüt, Sorgenlosigkeit, heiteres Gemüth und leichter Athem, Zorn und Aerger wirken bedeutend auf die Haltung und werden jedesmal Zittern hervorbringen.

Selbst die Kleidung kann zu schlechterem Schießen beitragen. Ein enger Rock, angespannte Beinkleider mit Strupfen und sogar enge Stiefel sind nachtheilig. Bequemlichkeit ist erforderlich.

## Lebensweise.

Die Lebensweise hat einen wesentlichen Einfluß auf das ruhige Halten des Schützen; jedoch läßt sich hier nichts vorschreiben, indem es auf die Temperamente ankommt, und ich habe Schützen beobachtet, welche erst dann ruhig halten konnten, wenn selbe dem Guten etwas zu viel gethan hatten, und ein wenig betrunken waren. (Daher das bekannte Sprichwort: Ein leerer Sack steht nicht.) Es ist aber erwiesen, daß ein kärgliches Leben, und besonders schlechte Getränke, Mißmuth erzeugen, welches allerdings einen Einfluß auf das Schießen hat.

Das Trinken des Kaffee´s ist gänzlich zu verwerfen.

Ein leichtes, gutes Essen und Trinken ist zu rathen, nie zu viel, aber öfters. Viel Essen erschwert den Athem.

Manche sind der Meinung, auf eine anstrengende Arbeit oder weites Gehen könne man nicht gut halten; ich bin aber vom Gegentheil überzeugt, lade mir von jeher selbst und habe jedesmal die Bemerkung gemacht, daß ich erst nach einigen Schüssen ganz ruhig halten konnte, wozu lediglich die kleine Anstrengung des Ladens beigetragen hat.

Ich habe Schützen gekannt, welche, wenn sie zu Schießen gingen, bei Schmieden aufgeschlagen oder in Städeln gedroschen haben. Es ist übrigens nächtliche Ruhe erforderlich.

Das Auswaschen der Augen mit frischem Brunnenwasser ist sehr zu empfehlen, auch kann selbes während des Schießens, besonders bei warmem Wetter öfters angewendet, nicht schaden.

Starken Tabak, und besonders Cigarren zu rauchen, wird nachtheiligen Einfluss haben.

## Stellung des Schützen.

Die Stellung des Scheibenschützen soll gerade und ungezwungen seyn, die beiden Vorderfüße 10 – 14 Zoll voneinander entfernt seyn. Die Kniee werden ungezwungen angezogen, der Oberleib soll eher zurück als vorwärts geneigt werden. (Beim Militär wird natürlich die Stellung ganz anders angegeben, indem es auch ein sehr großer Unterschied zwischen einer Muskete und einem Pürsch- und Scheibenstutzen ist.) Die rechte Hand ergreift den Stutzen nach dem Spannen des Hahnes und Eintupfen so, daß der Daumen über den Hals oder Einschnitt des Kolbens so zu liegen kommt; der kleine Gold- und Mittelfinger müssen sich an dem Bügel vertheilen.

Es gibt Stutzen, an welchen an der Seite Hacken (Daumenrast) angebracht sind, worin der Daumen gelegt wird; auch gibt es zu diesem Zwecke Einschnitte ober dem Kolbenhals. – Der Bügel soll so geformt seyn, daß die innere Höhlung nicht zu weit von dem Tupferzüngel oder Nadel absteht. In diesen wird der Zeigefinger gelegt. Daß hiebei Vorsicht nöthig ist, versteht sich von selbst. Es gibt zur Sicherung, wenn auch der Tupfer losspringen sollte, Tupfersperren, welche, wenn sie gut construirt, sehr zweckmäßig sind.

Der Oberarm erhält eine Stellung, daß der Ellenbogen 5 – 8 Zoll vom Körper entfernt wird. Der linke Arm soll frei seyn und der Ellenbogen nicht an den Körper anliegen, welches nach bayerischer Schützen-Ordnung gar nicht gestattet werden soll.

(Um den Arm aber doch aufzusetzen, werden verschiedene Vortheile benützt, groß gefüllte Tabaksbeutel etc. etc. in der Brusttasche, sogar Maschinen unter dem Arm wurden schon entdeckt.)

Die linke Hand ergreift den Stutzen vor dem Schlosse. An diesem Platz wird jeder Stutzen an dem Schaft eine eigene hiezu rauh gestochene Stelle haben.

Der Backen wird nicht zu fest, mehr nach dem Hintertheil des Kolben angelegt, indem das feste Vor- und Anlegen immer Prellungen verursachen wird.

Einen wesentlichen Unterschied macht die Wendung, welche der Schütze gegen die Scheibe nimmt; durch diese kann ein kurzgeschifteter Stutzenanschlag oder Kolben länger, und ein langer kürzer im Anschlage liegen; und es kommt nur darauf an, ob die Seite, auf welcher der Stutzen angeschlagen wird, mehr oder weniger der Scheibe zugekehrt ist.

Zu festes Ansetzen des Stutzens an der Schulter finde ich für zwecklos. Ich lade z.B. verhältnißmäßig durchgehends viel Pulver, lege aber bei dem Schießen meinen Stutzen leicht an der Schulter an, und niemals wird Jemand bei mir bemerkt haben, daß ich an den Backen aufgestoßen, noch an der Schulter gedrückt wurde, obgleich ich schon manchen Tag hundert und noch mehr Schüsse machte.

Ich habe aber dieselben Stutzen an andere Schützen zum Schießen gelehnt, welche dieselbe Pulverladung geschossen haben. Diese Schützen wurden nicht nur an der Schulter blau gestoßen, sondern auch an den Backen aufgeschlagen.

Diesem vorzubeugen, kann man nichts mit Bestimmtheit angeben, und es findet sich erst durch Uebung. Ich kann mich noch genau erinnern, daß ich, als ich das Scheibenschießen angefangen habe, bei einer geringern Ladung blau gestoßen und aufgeschlagen wurde. Es gibt allerdings Stutzen, welche einen sehr starken Rückstoß haben, welcher Fehler in der Patent- oder Schwanzschraube liegt, oder es ist die Form des Schaftes Schuld.

## Feuerscheue.

Jeder Schütze ist im Anfang feuerscheu, das heißt er fürchtet das Losgehen des Stutzens. Dieses veranlaßt Blinzeln und Zittern mit den Augendeckeln. Bei der Einbildung: „Jetzt geht's los!" ein Zucken mit den Armen, mit den Kopf etc. etc. Dieses wird auch Mucken genannt.

Solches kann nur durch Uebung entwöhnt werden, und dennoch habe ich Schützen beobachtet, welche es nie ganz verlernt haben.

So lange der Schütze nicht ganz ruhig bei dem Schusse ist, kann keine Sicherheit desselben stattfinden, und er wird auch keinen Schuß gleich nach dem Losgehen ansagen können, wo die Kugel stecken muß.

Es ist gut, wenn sich Schützen durch das Aufschlagen von Zündhütchen im Anfange nach und nach an das Feuer gewöhnen. Das Mucken ist sehr bemerklich, wenn man einem Schützen statt eines geladenen Stutzen einen ungeladenen gibt, und ihn so bei dem vermeintlichen Schießen beobachtet, wo sich auch ein Schütze selbst von seiner Unruhe überzeugen kann.

## Tupferscheue.

Ein anderer Nachtheil bei dem Schießen ist die Tupferscheue, nemlich ein Zittern an dem Zeigefinger, welcher den Tupfer abziehen soll, oder daß man sich fürchtet, zu früh an den Tupfer zu kommen, welches ebenfalls durch Uebung entwöhnt werden kann.

Es gibt auch erfahrene Schützen, welche an manchen Tagen, ja sogar Stunden Feuer- und Tupferscheu werden, welche es sonst nicht sind.

## Schießen.

Daß es bei dem Schießen nicht gleich ist, nemlich daß man einen Tag, ja sogar Stunde besser schießt, als in der andern, wird jedem Schützen nur zu bekannt seyn.

Dieses hat seinen Grund in der mehr oder minder ruhigen Haltung und in der Stärke des Windes.

Ueber Ersteres wurde oben schon unter „Lebensweise des Schützen" gesprochen.

## Licht (Beleuchtung).

Die Beleuchtung hat einen wesentlichen Einfluß. Liegt das Licht der Sonne ganz scharf auf der Scheibe, so blendet es, und es gibt, dieses zu verhindern, grüne, blaue und gelbe Gläser, welche an den Diopter auf dem Stutzen angesteckt werden. Auch hat man hiebei leichter Hochchuß.

Im Gegentheil ist es angenehmer, und das Visiren reiner.

Gewöhnlich ist es Abends am schönsten zum Schießen. Es gibt gewiß viele Schützen, welche, wenn es anfängt zu dunkeln, erst ganz scharf schießen.

## Wind.

Der Wind hat ungemein vielen Einfluß auf die Kugel, und welchem Schützen sind dessen unglaubliche Wirkung nicht bekannt?!

Es kömmt darauf an, nach welcher Richtung der Wind zieht, welches an den auf jeder Schießstätte aufgesteckten Fähnchen zu beobachten ist.

Zieht der Wind z.B. von rechts nach links, so wird die Kugel immer nach dieser Richtung gedrückt werden, und es kann, je nachdem der Wind schwächer oder stärker drückt, die Kugel nach Entfernung der Distanz 18 Zoll und noch mehr aus ihrer bestimmten Richtung gedrückt werden.

Um aber wieder das richtige Visir zu erlangen, muß das vordere Absehen (je nachdem Wind stark oder schwach zieht) mehr oder minder ausgeschlagen werden. Auch muß der Schütze beständig die Windfähnchen beobachten, und sich, je nachdem der Wind stärker oder schwächer zieht, durch Aushalten helfen. - Bei dem Ausschlagen des Visirs oder der Mucke ist zu beobachten, daß selbes immer gegen diese Richtung ausgeschlagen wird, wo der Wind hinzieht.

Zieht der Wind gerade gegen den Schützen, so wird er die Kugel meistentheils tiefer drücken, und es kann durch mehr Pulverladen oder Aufschrauben des Stöckel abgeholfen werden.

Nicht alle Stutzen sind gleich im Winde zu schießen, denn mancher scheut den Wind mehr oder weniger, allein Stutzen, auf welche der Wind gar keinen Einfluß hat, sind mir noch nicht vorgekommen. Woran es liegt, daß eine Kugel, aus dem einen Stutzen geschossen, mehr dem Wind ausgesetzt ist, als die aus einem andern, kann ich nicht mit Bestimmtheit angeben. Ich besitze selbst einen Stutzen, aus welchem eine geschossene Kugel gegen eine Richtung dem Winde mehr nachgibt, als gegen die andere. Dieses auszumitteln will ich Andern überlassen.

## Vorweite.

Neue Stutzen und kürzlich gefrischte schießen gewöhnlich schärfer. Stutzen, aus welchen viel geschossen wird, bekommen öfters Vorweite, das ist eine ganz kurze Erweiterung an der Mündung in der Kaliberseele, welche durch das viele Einschlagen der Kugeln erzeugt wird, und wodurch der Wind auf die geschossene Kugel noch mehr Einfluß bekömmt.

Einer Vorweite kann nur durch Frischen abgeholfen werden.

## Witterung.

Auch das Wetter hat Einfluß auf den Schuß; das Pulver zieht bei feuchtem Wetter etwas an, welches zu Kurzschuß beiträgt.

## Richtung der Kugel.

Viele Schützen sind der Meinung, eine aus dem Rohr geschossene Kugel steige; diese Meinung ist jedoch falsch, und es beruht lediglich auf der Zusammenstellung des Absehens. Durch das dickere Eisen am hinteren Theile des Laufes und Höherstehen des Stöckel im Verhältniß des vorderen Absehens wird eine durch die Mitte der Kaliberseele gedachte Linie (Seelenachse) nach Vorne in die Höhe gezogen, und dadurch offenbar eine Elevation hervorgebracht, die sich mit der Visirlinie schneidet.

Durch dieses wird Mancher auf die irrige Meinung hingeleitet, die Kugel steige. Doch möge solches etwas erörtert werden.

Man will unter Anderm als Beweis anführen, daß bei gleicher Entfernung des Zieles eine stärkere Ladung die Kugel höher treibe.

Dieses ist allerdings richtig, aber nichts weniger ist die Kugel über die Richtung der Seelenachse hinaufgestiegen, nur ist die Senkung geringer als bei schwächerer Ladung. Eine starke Ladung veranlaßt nur eine größere Geschwindigkeit, die Kugel erreicht hierdurch schneller ihr Ziel, und die Schwere der Kugel hat weniger Zeit sich herabzuziehen, und daher ein vermeintliches Steigen.

Manche sind der Meinung, die Kugel stecke im Momente des Losgehens schon in der Scheibe.

Dieses ist natürlich falsch, und man kann die Kugel, deren Elevation mittelst eines guten Perspektives genau beobachten, indem man selbe noch sehen kann bevor sie ihr Ziel erreicht hat.

Dieses wird Vielen unglaublich vorkommen, man mache Versuche, und es wird ein Beobachter zur Ueberzeugung gelangen. Es ist aber hiebei zu beobachten, daß das Fernrohr an der Seite des Schießstandes angebracht wird.

Es ist noch zu bemerken, daß hierzu das Licht günstig seyn muß, und der Beobachter bei dem Knall nicht mit dem Auge winken darf, welches aber meistentheils der Fall ist, und während dieser Zeit die Kugel ihr Ziel erreicht hat.

Besonders wird man die Kugel sehen, wenn z.B. das Fernrohr rechts am Schießstande angebracht ist, der Wind links zieht, die Sonne rechts steht, der Schütze neu gegossene Kugeln hat, und rechts an das Schwarz schießt, weil so die glänzende Kugel das schwarze Mal durchziehen muß.

## Ausschuß.

Während des Schießens kann es sich ereignen, daß sich der Ausschuß ändert.

Darunter verstehe ich, daß man bevor mehr Kurz- oder Hochschuß, oder mehr Linksschuß gehabt hat etc.

Hierin gehe man vorerst zur Ueberzeugung über, und schlage nicht gleich auf den ersten oder zweiten Schuße aus, sondern prüfe die Umstände, merke auf, ob man nicht den Anschlag verändert hat, oder daß man den Stutzen etwas dreht; es kommt auch manchmal von der Veränderung der Beleuchtung her.

## Vorsicht.

Zur Vorsicht merke der Schütze auch manchmal auf, ein ausgeschossenes Barchentfleckel ausfindig zu machen, und dieses zu besehen, ob es nicht an Stellen durchrissen ist, welches ausweist, daß die Züge durch vieles Schießen eine Schärfe bekommen haben, oder sich daselbst Rostflecken finden.

## Wischen.

Ueber das Wischen, oder auf dem Brand fortzuschießen (das heißt Laden ohne den Lauf nach dem Schuße zu wischen), sind die Ansichten getheilt; jedoch finde ich das Brandschießen für gleicher. Hiezu ist aber ausgezeichnetes gutes Pulver nöthig, welches einen feinen sich leicht ablösenden Ruß (Brand) nach dem Schuße in dem Laufe hinterläßt, welcher sich durch das Laden immer hinunter schiebt. Es ist dies zu erkennen, wenn man nach dem Laden der Kugel mittelst eines reinen Wischers in den Lauf fährt, und nach dem der Wischer wenig Schmutz zeugt. Auch trägt das Wetter hiezu bei. Ich habe selbst schon 80 – 100 Schuß ohne zu wischen, geschossen, und der Stutzen hat immer richtigen Schuß eingehalten.

Ist das Wischen nöthig, so thue es mit Fleiß, damit nicht bald wenig und bald viel gewischt wird, und halte den Wischlappen immer etwas weniger feucht, (daher das Brandschießen gleicher). Besonders ist das Wischen bei heißem Wetter nöthig, denn wenn der Lauf durch vieles Schießen warm wird, so legt sich der Brand trockener und fester an, welchem nur durch feuchtes Wischen oder manchmal durch Waschen abgeholfen werden kann.

Wird der Stutzenlauf durch schnelles Schießen erhitzt, so erhält man hiedurch öfters Kurzschuße.

Bei jedem neuen Stutzen habe ich die Erfahrung gemacht, daß selbe nach längerem Schießen den Schuß etwas verändert haben, und meistentheils schießen sich nach circa 100 – 150 Schuß etwas kürzer, selten höher.

## Anschießen.

Nochmals auf das Frischen der Stutzen zurückgehend muß ich hinsichtlich der Dauerhaftigkeit bemerken, daß es hierin auf das Eisen des Laufes und auf dem Büchsenmacher ankommt; ich habe schon aus einem Stutzen 2000 Schuß geschoßen, welcher noch gut Schuß gehalten hat, während ein anderer schon nach 4 – 500 Schuß nachgefrischt werden mußte.

Werden die Züge einmal durch vieles Schießen zu glatt oder stumpf, so ist das Brandschießen nicht mehr rathsam.

## Hirschschießen.

Das Schießen auf dem laufenden Hirsch beruht hauptsächlich auf Uebung. Rathsam ist es jedoch, gegen jene Richtung von welcher der Hirsch herkommt, das vordere Absehen nachdem die Distanz weit ist, und der Hirsch schnell lauft, etwas ausgeschoben wird.

Es gibt verschiedene Manieren zum Hirschschießen. Einer, dessen Stutzen auf das Herz eingeschossen ist, zielt gleich beim Erscheinen des Hirsches nach diesem, und führt so dem Laufe desselben nach, bis er den Schuß am beßten anzubringen glaubt. Ein Anderer merkt sich einen Gegenstand, als ein Läubchen, dürres Ästchen etc. in welcher Richtung das Herz des Hirsches passiren muß, und fängt so das Herz ab. – Wieder andere fahren dem Hirsch in der Höhe des Herzens entgegen.

Was hierbei das Zweckmäßigste ist, muß sich der Schütze selbst suchen; doch Ersteres wird meistens angewendet.


## Distanzen.

Daß die Entfernung der zu beschießenden Scheiben bei Scheibenstutzen weiter seyn soll, als bei Pürschstutzen versteht sich von selbst, und ich habe nachstehende am zweckmäßigsten befunden.

Zu Pürschstutzenschießen sollen die Scheiben auf 100 – 120 Schritt mit einem zehnzolligen Schwarz (im Durchmesser) versehen seyn.

Bei größerer Entfernung werden die Augen zu sehr in Anspruch genommen, (welchen Nachtheil überhaupt das Pürschstutzenschießen hat) bei geringerer das Schießen zu sehr erleichtert, und sich mehr an Spielerei als an Kunst nähern.

Zum Scheibenbüchsen- oder Stutzenschießen, ist die schönste Entfernung 150 Schritte oder 350 geometrische Schuh, auf zwölfzölliges Schwarz.

Auf nähere Distanzen soll das Schwarz kleiner gewählt werden, indem man sich sonst der feinern Visire entwöhnt, und wenn der Schütze zuvor immer auf nähere Distanz und großes Schwarz geschossen hat, kommt es ihm nur schwer an, auf weitere und kleinere Schwarz zu schießen.

Würde sich ein Schütze beständig auf weite Distanz und kleine Schwarz einüben, so müßte selber bei einem vorkommendem Schießen welches auf nähere Entfernung und größere Schwarz stattfindet, sich leicht thun, und es sind daher Schützen, welche an weite Distanzen gewöhnt sind, immer gegen diejenigen im Vortheil, welche nur an kurze Distanzen und große Schwarz gewohnt sind.

Je kleiner indessen die Schwarze sind, desto schärfer wird visirt und geschossen.

Es wird auch auf Entfernungen von 200 bis 300 Schritten geschossen. Diese Schießen kommen jedoch bei uns in Bayern selten vor, sind aber in der Schweiz häufig.

## Schwarz oder Mal.

Die Zahl der Kreise, in welche das Schwarz oder Mal auf der Scheibe getheilt ist, ist verschieden, und es gibt deren 2 bis 8 Kreise.

Erstere sind zu wenig, letztere zum viel, und ich würde für vier stimmen.

Sind die Kreise zu weit von einander entfernt, so kann sich der Schütze auf 2 bis 2½ Zoll nicht auskennen, wie die Kugel steckt. Im umgekehrten Falle würde das Abzielen zu viele Zeit in Anspruch nehmen.

## Scheiben.

Es ist nicht einerlei, welche Größe die Scheiben haben; bei großen Scheiben wird sich das Schwarz kleiner präsentieren als bei kleinen. Man stelle zweierlei Scheiben mit gleich großem Schwarz, aber ungleicher Größe auf ein und dieselbe Entfernung auf, und dann kann man sich überzeugen, welch bedeutender Unterschied stattfindet.

Große Scheiben sind zwar angenehm zu schauen, aber zu theuer; es ist daher das schönste Verhältniß der Scheiben, wenn selbe 26 – 28 Zoll im Durchmesser haben.

Die Scheiben müssen so gemacht werden, daß sie durch die Mitte ein ganzes Rückbrett haben, und blos die beiden Ende angeleimt sind, auch müssen sie durch die Mitte gut aufgedoppelt seyn.

Auch gibt es Scheiben, wo in der Mitte ein Quadrat, worauf das Schwarz sich befinden, (Brettchen) welches konisch in das Weiße paßt, und herausgenommen werden kann. Diese müssen gut gemacht seyn, von nicht zu starken Brettern, von ¾ Zoll Dicke sind sie am besten, und sollen mit starken Papier überzogen seyn. Solche Scheiben halten gut aus, der Schuß ist viel reiner, und sind auch angenehmer abzuzirkeln.

Diese Brettchenscheiben sind bei einer Gesellschaft, welche viele gute Schützen in sich faßt, vortheilhaft. Bei Anfängern werden sich aber die Kosten mit den ganzen Scheiben ziemlich gleich belaufen.

## Abziehen.

Es wird nach verschiedenen Methoden geschossen. Die schönste Methode bleibt unstreitig jene, bei welcher die Hälfte Schußzahlen wieder zum Zug kommen. Die größte Mühe gab sich hierzu unser unvergeßlicher Schützenfreund Daffner, welcher durch Herstellung von Wurftabellen noch immer den Dank jener Schützen erndtet, welchen dieses Werk bekannt ist.

Es ist hierin das Verhältniß immer beibehalten, z.B.: Es sollen 12 fl. das Beste seyn, so beträgt die Einlage 2 fl. 12 kr., der Kaufschuss soll 12 kr. kosten; 600 Schuß wurden geschoßen, und 19

Schützen waren es. Jeder Schützen erhält für die Einlage 3 Stech- oder Legschuß, und es müssen wieder die Hälfte der Schüße zum Zuge kommen; so wird in Daffners Tabellen die Regulirung zu finden seyn, wie die Schüße verhältnißmässig zum Zuge kommen.

Diese Methode wird auch in unserem Vaterlande, besonders in Altbayern und Tyrol wo das Schießen am häufigsten stattfindet, meistentheils angewendet.

Ein anderes Verfahren findet in der Schweiz statt; da werden Beste gegeben, ein Kaufschuss und die Schußzahl bestimmt, aber von den Kauf- und Leggeldern kommt nichts mehr zur Vertheilung.

Wieder eine andere Methode ist das sogenannte Fleckl- oder „Hinschießen", welches zu bekannt ist, um es näher zu beschreiben.

Eine sehr anwendbare Methode, vorzüglich bei kleinen Land- und Gesellschaftsschießen, wo das Auszirkeln zu viele Beschwerden macht, ist nach Kreisen.

**No. 1.**  Titl. a.  **Ritterschuß 8.**

| 1 | 2 | 3 | 4 | 5 | 6 | 7 | 8 | 9 | 10 | 11 | 12 | 13 | 14 | 15 | 16 | 17 | 18 | 19 | 20 | Kreis / Schuß Zahl | | Schuld fl. | kr. | gewinnt fl. | kr. | verliert fl. | kr. |
|---|---|---|---|---|---|---|---|---|---|---|---|---|---|---|---|---|---|---|---|---|---|---|---|---|---|---|---|
| 2 | 1 | 4 | 0 | 2 | 3 | 3 | 3 | 4 | 0 | 1 | 1 | 2 | 1 | 0 | 0 | 1 | 2 | 4 | 2 | 36 | | | | Bestes | 5 | | |
| 1 | 0 | 3 | 3 | 0 | 1 | 2 | 1 | 5 | 2 | 3 | 2 | 1 | 0 | 1 | | | | | | 20 | | | | | | | |
| | | | | | | | | | | Stechschuß | | | | | | | | Summe | | 56 | 32 | 4 | 12 | | | | |

Für 56 Kreise à 3½ kr. . . . . 3 fl. 36 kr.
Schuldigkeit . . . . . . . . 4 „ 12 „ . . . . . . . . . 36

**No. 2.**  Titl. b.

| 1 | 2 | 3 | 4 | 5 | 6 | 7 | 8 | 9 | 10 | 11 | 12 | 13 | 14 | 15 | 16 | 17 | 18 | 19 | 20 | Kreis / Schuß Zahl | | Schuld fl. | kr. | gewinnt fl. | kr. | verliert fl. | kr. |
|---|---|---|---|---|---|---|---|---|---|---|---|---|---|---|---|---|---|---|---|---|---|---|---|---|---|---|---|
| 0 | 4 | 2 | 1 | 2 | 2 | 2 | 3 | 2 | 3 | 3 | 3 | 4 | 0 | 3 | 2 | 4 | 1 | 2 | 1 | 44 | | | | | | | |
| 3 | 2 | 1 | 2 | 4 | 4 | 3 | 4 | 0 | 3 | 4 | 3 | 3 | 3 | 3 | 2 | 3 | 2 | 2 | 3 | 54 | | | | | | | |
| 2 | 0 | 3 | 1 | 1 | 2 | 1 | 0 | 2 | | | | | | | | | | | | 12 | | | | | | | |
| | | | | | | | Stechschuß | | | | | | | | | | | Summe | | 110 | 46 | 5 | 36 | | | | |

Für 110 Kreise à 3½ . . . 6 fl. 25 kr.
Schuldig . . . . . . . . 5 „ 36 „ . . . . . . . . . 49

*No.* 3.

**Titl. c.**

| 1 | 2 | 3 | 4 | 5 | 6 | 7 | 8 | 9 | 10 | 11 | 12 | 13 | 14 | 15 | 16 | 17 | 18 | 19 | 20 | Kreis Zahl | Schuß | Schuld fl. | kr. | gewinnt fl. | kr. | verliert fl. | kr. |
|---|---|---|---|---|---|---|---|---|---|---|---|---|---|---|---|---|---|---|---|---|---|---|---|---|---|---|---|
| 0 | 0 | 0 | 0 | 1 | 0 | 0 | 3 | 0 | 0 | 1 | 2 | 1 | 0 | 0 | 4 | 0 | 0 | 0 | 0 | 12 | | | | | | | |
| 0 | 1 | 2 | 0 | 3 | 3 | 1 | 2 | 1 | 1 | 0 | 0 | 0 | 0 | 1 | 2 | 0 | 2 | 0 | 3 | 22 | | | | | | | |
| 1 | 1 | 1 | 2 | 0 | 2 | 1 | 0 | 3 | 3 | 2 | 0 | 4 | 0 | 4 | 1 | 1 | 2 | 0 | 3 | 31 | | | | | | | |
| 1 | 4 | 0 | 2 | 0 | | | | | | | | | | | | | | | | 7 | | | | | | | |
| Stechschuß | | | | | | | | | | | | | | | | | | | Summe | 72 | 62 | 7 | 12 | | | | |

Für 72 Kreise à 3½ kr. . . . . 4 fl. 12 kr.  
Schuldig . . . . . , . . . . 7 „ 12 „ . . . . . . . . . . . . . . . 3

*No.* 4.

**Titl. d.**      **Ritterschuß 2. 2.**

| 1 | 2 | 3 | 4 | 5 | 6 | 7 | 8 | 9 | 10 | 11 | 12 | 13 | 14 | 15 | 16 | 17 | 18 | 19 | 20 | Kreis Zahl | Schuß | Schuld fl. | kr. | gewinnt fl. | kr. | verliert fl. | kr. |
|---|---|---|---|---|---|---|---|---|---|---|---|---|---|---|---|---|---|---|---|---|---|---|---|---|---|---|---|
| 3 | 3 | 2 | 5 | 3 | 0 | 4 | 2 | 3 | 3 | 5 | 4 | 3 | 3 | 3 | 2 | 4 | 3 | 1 | 2 | 48 | | | | | | | |
| 4 | 4 | 3 | 2 | 4 | 3 | 3 | 3 | 2 | | | | | | | | | | | | 20 | | | | | | | |
| Stechschuß | | | | | | | | | | | | | | | | | | | Summe | 68 | 26 | 3 | 36 | | | | |

Für 68 Kreise à ½ kr. . . . . 3 fl. 58 kr.  
Zweites Bestes . . . . . . . 1 „ 40 „  
Drittes Bestes . . . . . . . 1 „ — „  
            Summe 6 fl. 38 kr.  
Schuldig . . . . . . . . . 3 „ 36 „ . . . . . . . . . . . . . 3 | 2

Summe von 1 bis 4 ‖ 306 | 166 | 20 | 36 | 3 | 51 | 3 | 36

zur Ausgleichung    15

                     3 | 51

Im Ganzen wurden hineingeschossen 20 fl. 36 kr., für zwei Punktschuß gehen ab 2 fl. 40 kr., bleiben noch zu vertheilen in 306 Kreise 17 fl. 56 kr., trifft pro Kreis 3½ kr. und kommen noch als Bruch 15 kr. Passiv nachzubezahlen und in 4 Schützen zu berechnen, trifft also noch per Schütz 3¾ kr. zu entrichten.

Hierzu gehören aber Schwarz welche wenigstens mit 4 Kreisen versehen sind, und gut zuverlässige Zieler. Auch sollen bei solchen Schießen gute Fernröhre vorhanden seyn, welche diese beständig in Controlle halten.

Für Regulierung eines solchen Schießens liegt folgende Tabelle bei:

Bei diesem kostet der Kaufschuss 6 kr., das Beste ist 5 fl. Und die Einlage 1 fl.

Das Beste gewinnt jener, welcher den besten Schuß oder Ritterschuß geschossen hat; sind noch mehrere Punktschuße vorhanden, so werden deren Gewinnste nach der Ritterscheibe abgezirkelt, nach Daffners Methode vertheilt, und das übrig hineingeschossene Geld in die Kreise gleichmäßig vertheilt, dadurch berechnet, was der Kreis zieht.

Diese Methode kann aber auch bei kleinen Unterhaltungs-Schießen  angewendet werden; es wird nur umgekehrt berechnet. Hierzu ist kein Bestes noch Einlage nöthig. Es wird sohin im Voraus bedungen, was der Kreis zieht, und so die herausgeschossene Geldsumme addirt, und berechnet, was der Schuß kostet.

Die allenfalls herauskommenden Brüche werden, wenn etwas übrig bleibt, entweder vertheilt, oder im entgegengesetzten Falle darauf bezahlt.

Diese beiden Methoden haben das Angenehme für sich, daß das Schießen schnell vor sich geht, indem die Schüsse aufgezeigt und vernagelt, aber nicht marquirt werden müssen.

Das Marquiren der Schüsse ist blos nöthig, wenn nach Zetteln oder Kölbeln (laufenden Nummern) geschossen wird, wo alsdann der Zieler vom Schuß aus mittelst Bleistift eine Linie zieht, und das auf dem Zettel oder Kölbel stehende Nummer auf den Rand der Scheibe hinaus schreibt.

Das nach Zettel schießen hat aber den Nachtheil, daß Zettel leicht durch Zettelträger, Zieler und selbst Schützen verloren gehen können, auch das immerwährende Ausrufen der Nummern für den Zieler unangenehm ist. Betrügereien sind hiebei auch nicht unmöglich und selbe können stattfinden:

1) durch Verwechslung der Zettel an der Scheibe;
2) bei dem Abzirkeln, wo schon Zettel untergeschoben wurden, deren Schüsse gar nicht geschossen worden etc.etc.
3) Durch das Hinausschießen eines Schusses.

Die ausgezogenen Zettel werden bei dem Abzirkeln nach der Reihenfolge an Faden angefaßt, und sodann zur Gewinnsteintragung übergeben.

Das vorzuziehende Verfahren ist nach Kölbeln und laufenden Nummern zu schießen. Es werden hierzu die einzuschlagenden Nägel (Kölbeln) mit einer und derselben Nummer doppelt versehen, oder auch nummerirte Zettel eingeschlagen.

Hierzu müssen Standschreiber vorhanden seyn, welche eine Liste führen, in welche sie bei dem Schuß die Zahl der geschossenen Kreise, die laufende Nummer und den Namen oder die Nummer des Schützen eintragen.

Es ist höchst nothwendig, daß Standschreiber und Zieler aufmerksam sind, und beständig in der laufenden Nummer zusammen stimmen; diese haben sich daher von 5 zu 5 Schuß ein Zeichen zu geben.

Bei diesem Verfahren oder Schießmethode ist auch der wesentliche Vortheil, daß kein Schuß verloren gehen kann.

Bei Kölbeln wird wie nach Zettelschüssen abgezogen, und die Nummer in den Standlisten nachgesucht, worauf erst der Schütze ausgemittelt wird, welcher diesen Schuß geschossen hat.

# Waschen, Putzen und Aufbewahren der Stutzen

## Waschen

Besser ist es, wenn die Stutzen nicht gleich unmittelbar nach dem Schießen geputzt und gewaschen werden, sondern selbe über Nacht stehen bleiben, weil in dieser Zeit der Brand Feuchtigkeit anzieht, und sich leicht abwischt.

Das einfachste Verfahren ist nachstehendes:

Sollte der Stutzenlauf nicht durch eine Kreuzschraube befestigt, sondern in eine Scheibe an der Patentschwanzschraube einpassen, überhaupt leicht aus dem Schaft herauszunehmen seyn, so ist es besser, wenn man den Lauf herausnimmt.

Im andern Falle muß man durch vorsichtiges Halten des Stutzens (bei nachstehendem Verfahren) so wenden, daß das eingegossene Wasser in dem Lauf so abläuft, daß Schloß und Schaft so wenig als möglich naß werden.

Man reinigt den Stutzen vorerst von allem Ruß etc. und reibt ihn mittelst fetter Läppchen gut ab; alsdann bedient man sich heißen Wassers, und gießt selbes mittelst eines kleinen Trichters (wenn solcher vorhanden), in den Lauf, und läßt es durch den Zündstift wieder ablaufen.

Hierauf bedient man sich eines Wischers, reibt den Brand im Laufe gut auf, und wiederholt das Durchgießen des Wassers.

Daß der Lauf mit einem Tuche angefaßt werden muß, versteht sich von selbst, indem selber durch das Durchgießen des Wassers eine Hitze erreicht.

Hierauf wird das Auswischen mit trockenen Läppchen begonnen, und fortgesetzt, bis man vollständig überzeugt ist, daß der Lauf von innen vollkommen trocken und rein ist, welches umso schneller geht, da der Lauf warm ist.

Zuletzt ist es gut, wenn der Lauf, während er noch warm ist, mit einem fetten Läppchen nachgewischt wird, welches Fett sich durch die Wärme des Eisens leicht vertheilt und eingezogen wird.

## Fett

Zu bemerken ist, daß das Fett, welches man bei Gewehren anwendet, rein und ohne Säuren seyn muß, welche nur Rost nach sich ziehen würden. Klauenfett oder Hirschmark ist hiezu sehr anwendbar.

Ist der Lauf auf diese Weise von innen gereinigt, so wird der Zündstift ausgeschraubt, von allem Schmutz befreit und beide mit dem fetten Läppchen abgerieben.

Hierauf werden Schloß und Schaft von allem Schmutze befreit, und ebenfalls mit dem fetten Läppchen abgerieben, indem, Holz und Politur durch das Fett ebenfalls Nahrung erhält.

Das Auseinandernehmen des Schlosses ist nicht nöthig, wenn sich nicht Ruß hineingeschlagen hat.

Durch vieles Auseinandernehmen des Schlosses wird selbes nicht besser, und es drehen sich hiedurch die Schrauben aus. Selbst das Herausnehmen des Schlosses aus dem Schafte sollte man möglichst vermeiden.

## Aufbewahren

Daß man vor dem Aufbewahren eines Gewehres bei dem Reinigen und Einfetten desselben fleißiger zu Werke geht, versteht sich von selbst. Auch ist es nöthig, daß öfters nachgesehen wird, ob sich nicht Rost ansetzt und manchmal Nachwischen nöthig ist.

## Zerlegung der Stutzen

Die Zerlegung der Stutzen geschieht auf nachstehende Weise:

1) wird die Kreuzschraube, welche an der Patent- oder Schwanzschraube sich befindet, herausgeschraubt, im Falle der Lauf nicht in eine Scheibe eingepaßt seyn soll.

2) Werden die Schuber oder Stifte, welche durch Schaft und Lauf gehen, herausgenommen.

3) der Riemenbügel, wenn solcher vorhanden ist, abgeschraubt.

4) die untere Bügelschraube herausgeschraubt, welche sich an dem vorderen Theil des Bügels befindet, und der Sitz der Schraubenmutter an der Patentschwanzschraube oder am Laufe ist, welches jedoch nicht bei allen Stutzen der Fall ist.

5) Soll der Lauf ganz fest in den Schaft passen, so steckt man einen Setzer zur Hälfte in den Lauf, wiegt selben mittelst diesem heraus. Daß vorher das Inrastsetzen des Hahnes nöthig ist, wird Jedem einleuchtend seyn.

6) Wird das Schloß herausgeschraubt, welches aber mit Vorsicht geschehen muß, damit das Holz des Schaftes nicht leidet. Sollte das Schloß schwer herausgehen, so ziehe man anfangs die durch den Schaft gehende Schraube nicht ganz heraus, und schlage mit einem hölzernen Schlegel gelinde darauf, wonach sich das Schloß aus seiner Lage geben muß.

Bei manchen Stutzen geht die Schloßschraube auch durch die Schwanzschraube, bei welchen natürlich das Schloß vor dem Laufe herausgenommen werden muß.

# Schloßzerlegung

Sollte das Schloß durch den inwendig angesetzten Schmutz oder durch Verdickung des Oeles in seinem Gange gehindert werden, so ist es nöthig, selbes ganz zu zerlegen, zu reinigen und frisch mit gutem Oele etc. einzuschmieren. Ueberflüssiges Fett ist aber nicht nöthig, und sogar nachtheilig.

Das Auseinanderlegen des Schlosses geschieht in nachstehender Art:

1) Schraubt man die Stangenfederschraube so weit heraus, daß man die Feder selbst mit einem Schraubenzieher aus dem Schlitzloch heben kann. Die Schraube wird dann ganz herausgeschraubt, und nebst der Feder abgenommen.

2) Wird ein Federhacken an die Schlagfeder angelegt, und hiedurch der Druck, welchen diese auf die Zunge der Nuß oder das Kettchen ausübt, aufgehoben.

3) Sollte Letzteres vorhanden seyn, so wird selbes ausgehängt, der Federhacken nachgelassen und beide hinweggenommen.

4) Wird die Stange losgemacht und Stange sammt Schraube abgenommen.

5) Werden die Studelschrauben losgemacht und sämmtliche weggethan.

6) Wird der Hahn von der Nuß losgemacht und beide abgenommen, wobei zu bemerken ist, daß vorerst das Springkegelchen, welches sich an der Nuß befindet, herausgenommen wird.

Um den Hahn von der Nuß zu bringen, ohne die Kanten des Quadrates zu beschädigen, ist das beste Mittel, sich eines kleinen Stiftes zu bedienen, welcher in das Schraubenloch, mittelst welchem die Schraube den Hahn an die Nuß festhält, paßt, und die Nuß so mittelst des Schlegels in die hohle Hand durchschlägt.

Das Zusammensetzen des Schlosses und Stutzens wird sonach Jedem einleuchtend seyn,

## Verpackung der Schießgerätschaften.

Stutzen werden gewöhnlich in lederne, eigens hiezu bestimmte Säcke verpackt; es ist aber rathsam, Schloß und Bügel mit einem Tuche einzubinden, welches auch an den beiden Absehen geschehen kann. Die Guckel werden, damit selbe nicht beschädigt werden, abgenommen.

Das Pulver vorsichtig und trocken verpackt werden muß, versteht sich von selbst; auch reiben sich Kugeln durch das Fahren ab und es ist dieses gut zu verhindern, wenn selbe in lederne Beutel mit Sägspähnen gelegt werden.

Nie lasse man die Kugelform zurück, indem ich selbst den Fall sah, daß einem Schützen sämmtliche Kugeln entwendet wurden, und er ohne dieselbe in Verlegenheit gewesen wäre.

---

Hieraus kann ein angehender Schütze entnehmen, mit wie vielen Schwierigkeiten selber als Scheibenschütze zu kämpfen hat, und sich bei längerer Praxis im Schießen öfter an meine Mittheilungen erinnern, an welche er anfangs vielleicht nicht geglaubt oder sie nicht beobachtet haben mochte, jedoch durch Schaden zur Ueberzeugung gelangen wird.

---

## Ueber Schützen, Schützengesellschaften und Abnehmen der Schützen

Es gibt junge Schützen, welche oft die richtigen Ansichten von dem Schießen und geselligen Vergnügungen bei demselben haben als Alte, welche noch einen gewissen haarzöpfigen Stolz auf sich, als sie schon lange Schützen sind, haben. Besonders wollen sie solchen jungen Schützen, welche sie in dieser Kunst übertreffen, keine Ehre und Recht widerfahren lassen. Da ist in ihren neidischen Augen immer Glück, aber nie die Kunst vorhanden. Daß es hierin keine Ausnahmen gibt, will ich nicht sagen; daß aber hierdurch manchem Schützen Freude, Lust und Vergnügen vermindert wird, kann ich behaupten. Man hat schon beobachtet, daß Leute, welche durch Verwandtschaft oder Geschäftsverkehr etc. zu Hauptstellen in Schützengesellschaften gelangten, nicht im Stande waren, ein gut oder schlecht gearbeitetes Gewehr zu unterscheiden, welche nur ihren Günstlingen Recht und Ehre widerfahren ließen, und einen geheimen Groll auf jene hatten, von welchen solche in der Schießkunst übertroffen wurden; auf diese Weise kommt natürlich auch Parteilichkeit in's Spiel.

Das traurigste ist noch, daß sich die falschen Meinungen solcher Personen, manchmal unter den Schützen fortpflanzen, indem oft junge Schützen, welchen noch nichts anderes bekannt ist, denken: Der ist Schützenmeister, und muß es besser verstehen.

So schleichen sich häufig ganz widersinnige Regeln ein, welche am Ende sogar als Gesetze betrachtet werden.

Da solche Vorstände öfters auch verschiedene Ehrenstellen begleiten, so schweigt oft mancher, der hellere Einsicht zur Beilegung einer streitigen Sache hat, trotz seiner bessern Ueberzeugung lieber, ehe er sich einem so verständig seyn Wollenden etwas zu widersprechen getraut, zumal da bei derlei Vorständen ein Widerspruch, ja sogar eine andere Meinung schon eine Beleidigung ist.

Solche Herren sind auch nicht selten irriger Meinung von der Funktion eines Schützenmeisters, und statt sich angelegen seyn zu lassen, die Ordnung und das gesellige Vergnügen, welches doch auch Zweck des Scheibenschießens ist, zu befördern, gefallen sie sich vielmehr blos darin, zu dominiren und eine vermeintliche Herrschergewalt fühlbar zu machen, und darauf bauend, daß ihnen Niemand widerspricht, oder viele aus Rücksicht ihren beistimmen werden, begehen sie sogar die gröbsten Fehler gegen die bestehende Schützenordnung, was nur störend auf eine ganze Gesellschaft wirken muß.

Es kam sogar vor, daß solche Herren nicht einmal mit der Betitelung Schützenmeister zufrieden waren, und sich noch eine höhere anmaßten, obwohl eine solche in der bayerischen Schützenordnung gänzlich unbekannt ist.

Ueberhaupt wäre den Schützen an's Herz zu legen, bei den Wahlen der Schützenmeister vorsichtig zu Werke zu gehen, denn es sind schon Fälle vorgekommen, daß z.B. Schützenmeister bloß durch schlechte Witze zu ihrem Posten gelangten, die Nachteile hievon aber bald an's Licht traten, indem selbe bei dem ersten Schießen mit einem Theil der Kasse verschwunden sind.

Zudem zeigt sich nicht selten unter den Schützengesellschaften besonders in kleinen Städten ein engherziger Zunft- und Kastengeist, der auf eine spießbürgerliche Abschließung nach Außen hinzielt, der aber mit dem Wesen der edlen freien Schützenkunst durchaus unvereinbar ist, und jedes Gedeihen, jeden Aufschwung derselben unterdrücken muß.

Zum Belege soll nur ein Fall angeführt werden.

Es ist in einer Schützengesellschaft vorgekommen, daß ein Mitglied den Vorschlag machte, man solle nie wieder fremde Schützen zu einem in diesem Orte stattfindenden Schießen einladen, damit kein Bestes hinaus kömmt, und dieser Vorschlag wurde, wer sollte es glauben, sogar durch Schützenmeister unterstützt. Als die Sache etwas erwogen, und ihnen bemerklich gemacht wurde, daß sie dann auch nicht mehr an fremde Orte eingeladen würden, so äusserten sie sich: „das wäre ihnen ganz gleich."

Allein durch solche Begriffe oder Mißgriffe leidet oft eine ganze Gesellschaft.

Um solchen Mißgriffen und Willkührlichkeiten möglichst vorzubeugen, ist die bayerische Schützenordnung nicht hinreichend; dieselbe gibt nicht über alle bei dem Schießen vorkommenden Fällen genügenden Aufschluß, und dadurch haben sich schon häufige Mißbräuche in Schützengesellschaften eingeschlichen; man hatte sogar schon Gelegenheit, den Fall zu bemerken, daß bei einem Schützen Anstand genommen wurde, weil er, als die abgenommene Scheibe bei dem Schießstande vorüber getragen wurde, seinen eigenen Punktschuß besehen wollte, woraus sich offenbar auf Parteilichkeit schließen läßt. Er hatte zu thun durchzusetzen, wozu er offenbar das Recht hatte.

Solche Mißgriffe haben sich in Gesellschaften eingeschlichen, welche offenbar von solchen Schützen herrührten - - - und daher nichts anderes wissen.

Dergleichen Anstände geben oft zu Streitigkeiten und Feindseligkeiten Veranlassung, woran lediglich Schützenmeister schuld sind, welche ihrer Funktion nicht gewachsen und parteiisch sind. Ein Fremder kommt dadurch als Schütze in Verlegenheit und Collisionen indem ihm derlei Grundsätze unbekannt seyn müssen.

Derlei Vorfälle treten oft einer Person in's Auge, welche Lust zum Schießen hätte, aber da ein Anfänger ohnedem mit vielen

Schwierigkeiten zu kämpfen hat, so muß ihm solches nur mißfallen, und will sich daher nicht noch den Unannehmlichkeiten aussetzen.

Eigennützige Büchsenmacher sind zum Theil auch an dem Abnehmen der Scheibenschützen schuld, indem selbe oft auf die Unkenntnisse eines angehenden Schützen rechnen, diesen weiß machen, was ihnen  beliebt und zum Zwecke dient; gerade Anfänger, welche die zuverlässigsten Stutzen nöthig haben, schlecht bedienen und dann gegen Personen, welche diese hierüber aufklären, gehässig sind. Ich habe selbst hierin Erfahrung gemacht, und führe sie hiemit an.

Vor Jahren habe ich angefangen nach der Scheibe zu schießen, gewöhnte mich leicht an das Feuer und hatte eine ruhige feste Haltung, war aber bei jedem Schießen bedeutend im Verluste, daher überall ein angenehmer gern gesehener Schütze. Endlich wurde ich dieser Sache überdrüßig, und entschloß mich in der Meinung: „ich könne das Schießen nicht erlernen," es gänzlich aufzugeben. Nach Verlauf von zwei Jahren wollte es der Zufall, daß ein Freund mich auf vieles Andringen bewog, ein Schießen mitzumachen und mich dabei seines eigenen Stutzens zu bedienen. Ich war zum Theil schon aus der Uebung, und dennoch schoß ich mich gut heraus; jetzt wurde ich erst aufmerksam, ob der Fehler nicht früher am Gewehr gelegen war, untersuchte meinen Stutzen, und entdeckte einen durch Nachlässigkeit eines Büchsenmachers unverzeihlichen Fehler. Nun faßte ich erst neuen Muth, kaufte mir gute Stutzen und war seit der Zeit bei keinem Schießen mehr im Nachtheil, wurde aber nicht mehr so gerne bei Scheibenschießen gesehen.

Es soll daher beim angehenden Schützen ein Grundsatz seyn, sich an gute reele Büchsenmacher zu wenden, lieber ein kleines Geld nicht in Acht nehmen, und gutes Zeug sich anschaffen, da es die Ueberzeugung gelehrt hat, daß wohlfeile Stutzen oft die theuersten sind, und auch die Freude der Schützen verloren geht.

---